この ドリルの 使い方

このドリルには，遊びみたいにどんどん解いちゃう算数の問題がのっているよ。
このドリルを解いてみて，自分のあたまで考えるチャレンジをしてみよう。

きみの
3つの力を
のばす！

よみとき
（読解力）

なぞとき
（論理力）

ひらめき
（発想力）

2ステップ40問

やさしめレベル

すこしやさしめレベル

ステップ1（練
習問題20問）は，
きみの考える力
の土台をつくる
んだ

ステップ2（過
去問20問）は，
すこし考えるこ
とが必要な問題
だよ

新しく
つくった
問題だよ

すうりょうきゃっと（ねこ）と
ひらめきん（うさぎ）が出すヒントを
読んで，解いてみよう。

実際に算数・
数学思考力検定
10級で出た
問題をもとにして
いるよ

問題文をよく読んでチャレンジ！
自分のペースでやってみよう

このドリルはみんなの
考える力をのばすよ

おわったら，おうちの人に
答え合わせをしてもらおう！

全部で40問の問題が
のっているんだよ

解きおわったら，
このドリルの後ろ
にある「よくやっ
たね！シート」に
シールをはろう

ドリルのはじめには，「やった
すごい！シール」がついて

40問できたら
きみの考える力は
いっしょにがんばろ

1

よみときちゃん
● 情報, 条件を読み解くことが得意な女の子。
● いつも元気いっぱい!

なぞときくん
● 筋道を立てて考えることが大好きな男の子。
● いつだってあきらめない。

ひらめきん
● 物の形をイメージすることが大好きなうさぎ。
● いつも笑顔のやさしい子。

すうりょうきゃっと
● 数と量が大好物で考えることを愛するねこ。
● 考える楽しみを教えてくれるよ。

かんがえるん　かたちいぬ　へんかとまと

ばななでぃー　ろんりぃー　しこうりき

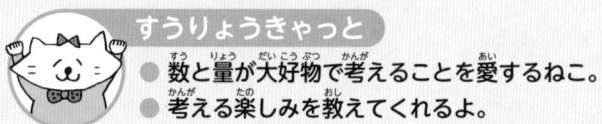

も く じ

1 どの こでしょう?

論 算数内容　筋 思考力

4にんの なかに えまさんが います。
ヒントを よんで えまさんを あてましょう。

ヒント

❶ えまさんは ぼうしを かぶって います。

❷ えまさんは かさを もって います。

❸ えまさんは ズボンを はいて います。

 あ　　 い　　 う　　 え

❶〜❸が ぜんぶ
あって いるのは
どの こかな?

こたえ

2 かくれて いるのは？

空 算数内容 形 思考力

 を とると
どんな かたちが
でて くるかな。

（れい）

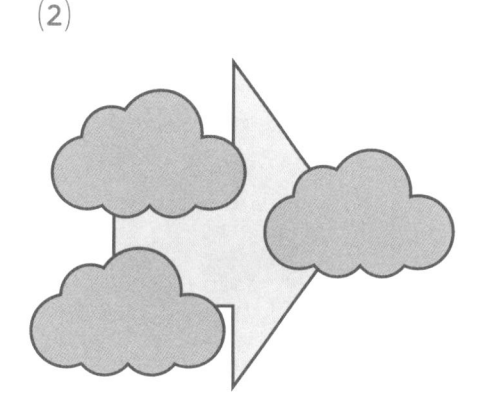

くもを とると
しかくが でて くる。

(1)

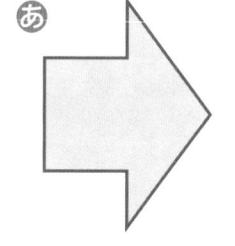

(2)

あ ⇨　い ✕　う △　え ◯

かくれて いるのは
どんな
かたちかな？

こたえ

(1) _____　(2) _____

3 ならびかたを かんがえよう

数 算数内容　情 思考力

1ずつ ふえるように かずが ならんで います。
□に はいる かずを かきましょう。

▼□にかきましょう

(1)

1 — □ — 3 — 4 — □

▼□にかきましょう

(2)

4 — □ — 6 — □ — 8

かずは 1ずつ
ふえるよ。

5

4 ぴったり あうのは？

2つの かたちを くっつけて しかくを つくります。

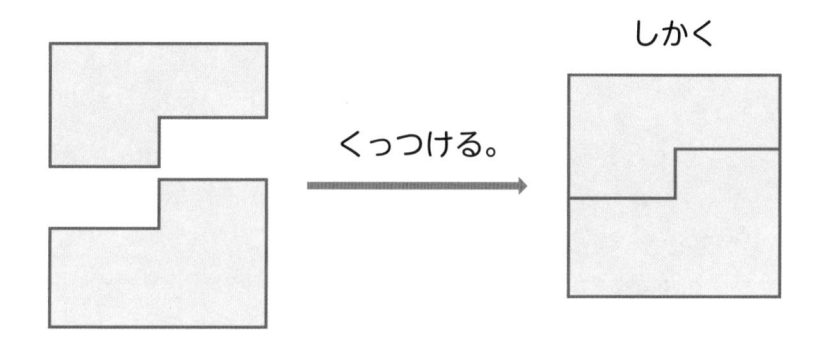

うえの えと したの えの ・と ・を せんで むすんで
しかくを つくりましょう。

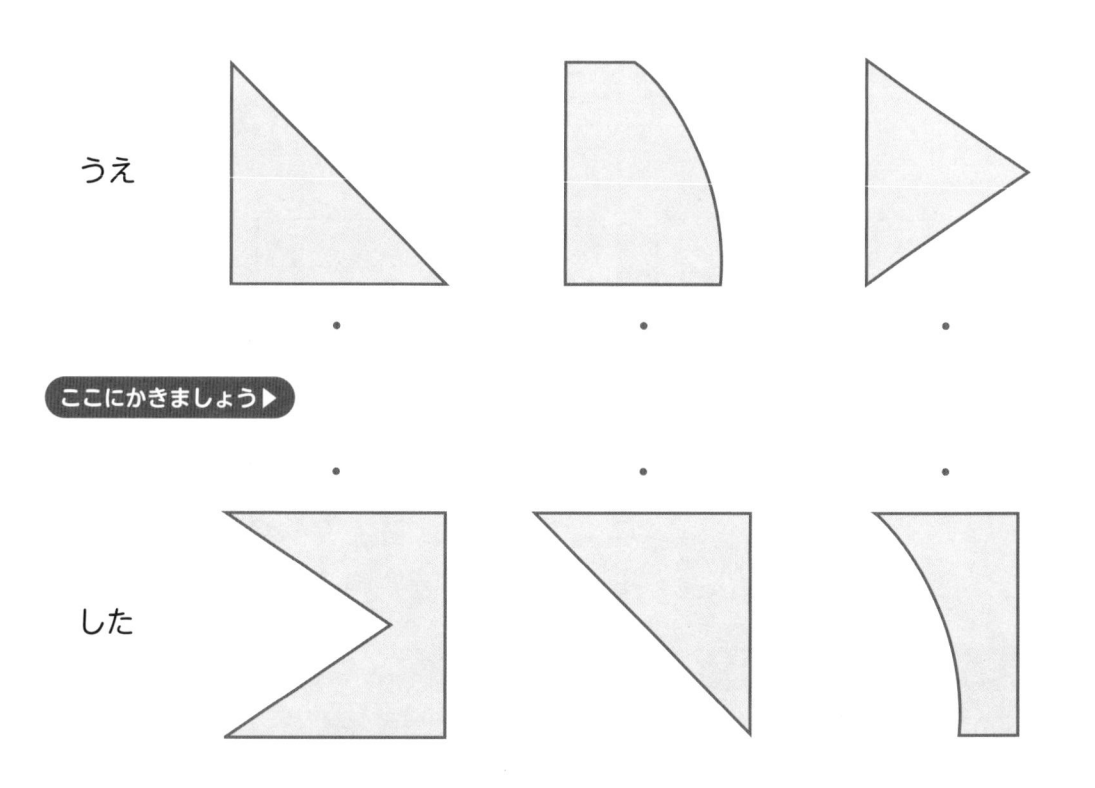

うえ

ここにかきましょう▶

した

5 くりかえし①

変 算数内容 情 思考力

ある きまりで えが ならんで います。
☐ に はいる えを かきましょう。

(1)

(2)

ならびかたの
きまりを
みつけよう。

こたえ

(1)　　　　　　　(2)

6 まわすと どうなる?

空（くう） 算数内容（さん すう ない よう） 形（かたち） 思考力（し こう りょく）

あを やじるしの ほうに まわすと いに なります。

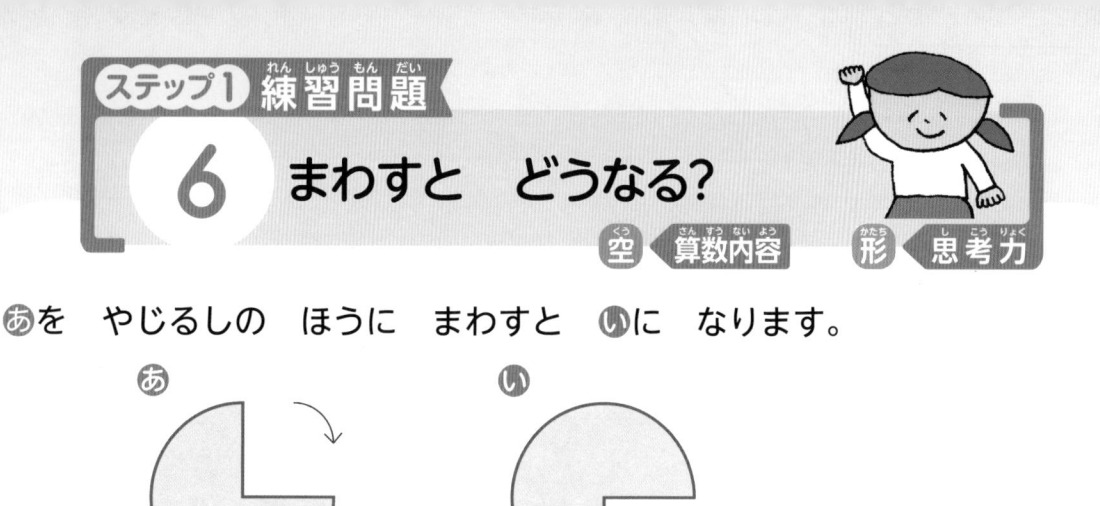

(1)〜(3)の かたちを やじるしの ほうに まわします。
あと いの どっちの かたちに なるかな。

(1) 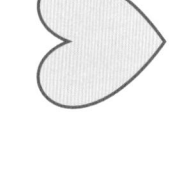 あ 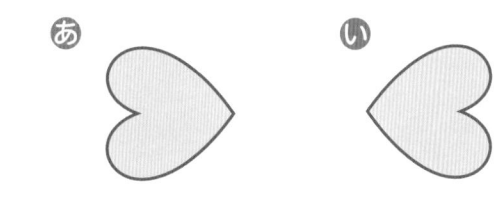 い

(2) 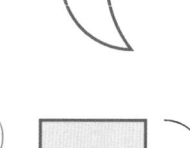 あ い

(3) 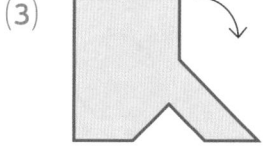 あ い

この ほんを
やじるしの
ほうに まわして
みよう。

こたえ

(1)   (2)   (3)

7 すきな いろ

デ 算数内容　情 思考力

10にんの こに すきな いろを ききました。

どの いろを すきな こが おおいかな。

(1) ピンクが すきな こは ふたりでした。ひとりを ○1つと して
　　□に ○を 2つ かいたよ。みどり・あお・きいろが すきな こも
　　ひとりを ○1つと して □に ○を かこう。

ここにかきましょう▶

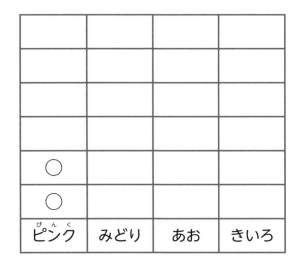

○			
○			
ピンク	みどり	あお	きいろ

いろべつに
えに しるしを
つけながら
○を かくと
いいよ。

(2) どの いろを すきな こが いちばん おおいかな。

こたえ

(1) うえに かこう　　(2)

8 リボンと くびかざり

デ 算数内容　　情 思考力

(1) □の なかの えと おなじ リボンを つけた いぬは どれかな。

　　あ 　　い

う

(2) □の なかの えと おなじ くびかざりを つけた いぬは どれかな。

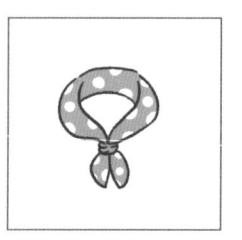　　あ 　　い

う

かたちや
いろや
もようを
よく みよう。

こたえ

(1)　　　　　　　　　　(2)

9 かめの きょうそう

論 算数内容　筋 思考力

たろう・みどり・かめたが きょうそうを しました。
きょうそうの あとの 3にんの はなしを きいたよ。

たろう < わたしは 1ばんを とれなかったよ。

みどり < わたしは 2ばんでは ないよ。

かめた < わたしも みどりも 3ばんでは ないよ。

たろう・みどり・かめたは それぞれ なんばんかな。
したの ひょうに ○か ×を つけて かんがえよう。

	1ばん	2ばん	3ばん
たろう	×		
みどり			
かめた			

わたしは 1ばんを
とれなかったから
1ばんに ×を つけたよ。

こたえ

たろう　　　　　　ばん みどり　　　　　　ばん かめた　　　　　ばん

10 おもさくらべ①

論 算数内容 筋 思考力

シーソーは おもい ほうが
したに さがります。
パンダと ウサギを くらべると
パンダの ほうが おもいね。

ウサギ
パンダ

(1) キツネと カエルは どっちが おもいかな。

リス
キツネ

カエル
リス

(2) いちばん おもいのは だれかな。

ウシ
ヒツジ

ペンギン
ヒツジ

どっちの
シーソーにも
のって いる
どうぶつで
くらべよう。

こたえ

(1) _____ (2) _____

11 のこりは なんこ？

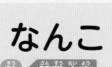

数 算数内容 情 思考力

みかんが 5こ はいった はこが あります。
たけるさん・あおいさん・みさきさんが はこから みかんを
えの かずだけ とりだしたよ。
はこの なかには みかんが なんこずつ のこって いるかな。

たけるさん	あおいさん	みさきさん

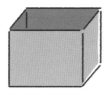	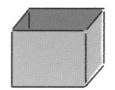	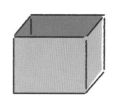

みえて いる
みかんの のこりが
はこに ある
みかんの
かずだね。

こたえ

たけるさん ＿＿＿＿ こ　あおいさん ＿＿＿＿ こ　みさきさん ＿＿＿＿ こ

12 ぜんぶ ひろって

変 算数内容　筋 思考力

スタートから ゴールまで たからものを ひろって すすみます。
ぜんぶの たからものを ひろうように みちに せんを ひきましょう。
みちは 1かいしか とおれないよ。

▼ここにかきましょう

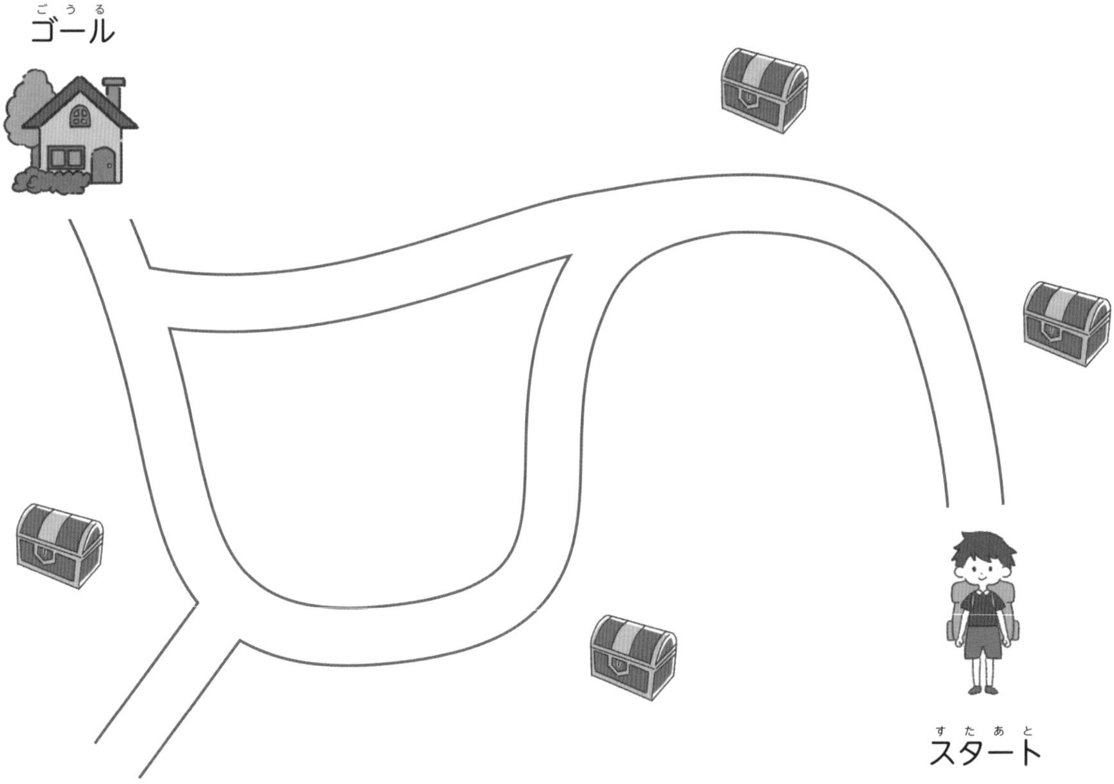

ゴール

スタート

1かいで
ぜんぶの
たからものを
ひろえる みちは？

13 みぎと ひだり

変 算数内容　筋 思考力

くだものを　みぎの　かごと　ひだりの　かごに　わけて　いれます。
りんごは　みぎの　かご　みかんは　ひだりの　かごと　いうように
みぎ　→　ひだり　→　みぎ　→　ひだりの　じゅんばんに
いれて　いきます。
いちごは　みぎと　ひだりの　どっちの　かごに　いれますか。

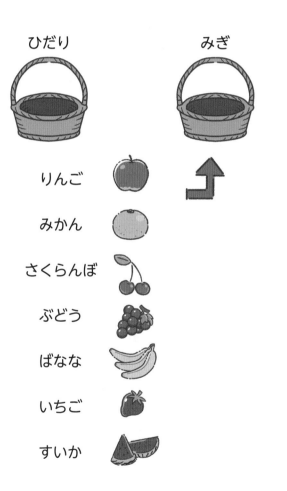

みぎと　ひだりに
いれる　くだものを
わけて
かいてみよう。

こたえ

_____

14 ○と △と ◎と ×

変 算数内容 情 思考力

○が △に かわると ❶の えに なります。
つぎに ◎が ×に かわると ❷の えに なります。

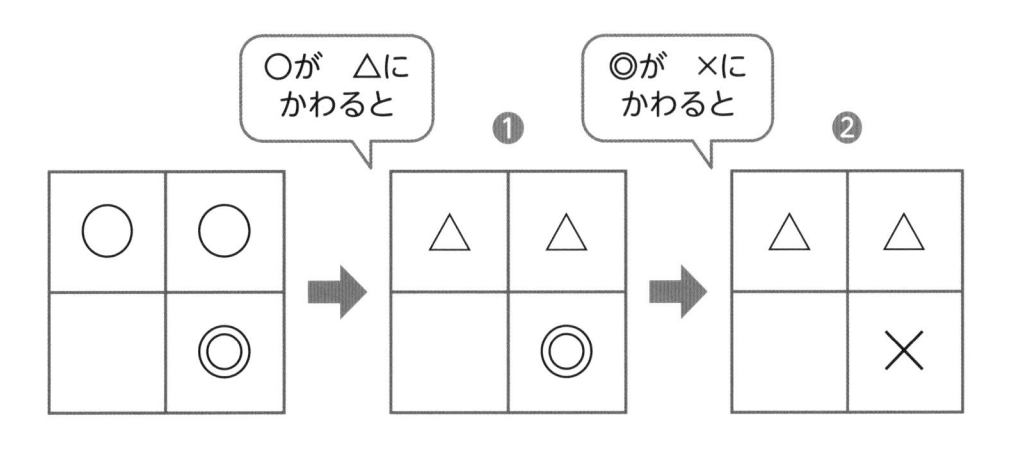

したの ❶と ❷に はいる えを かきましょう。

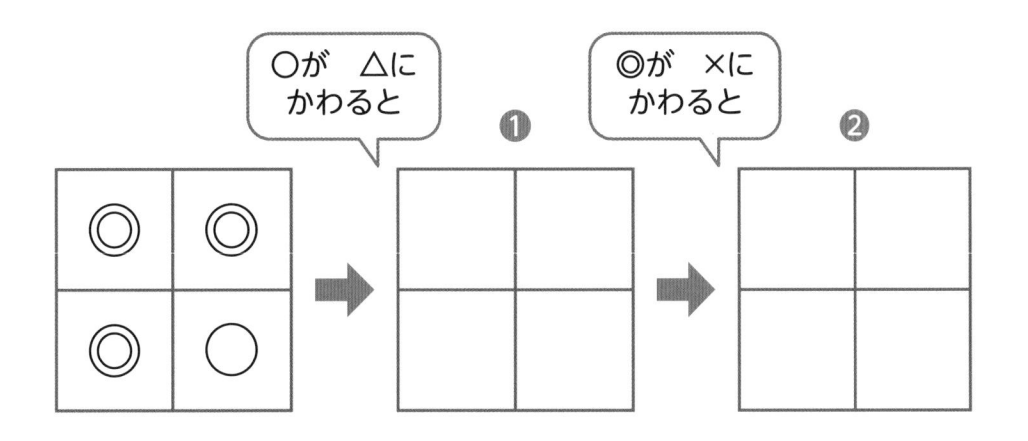

こたえ

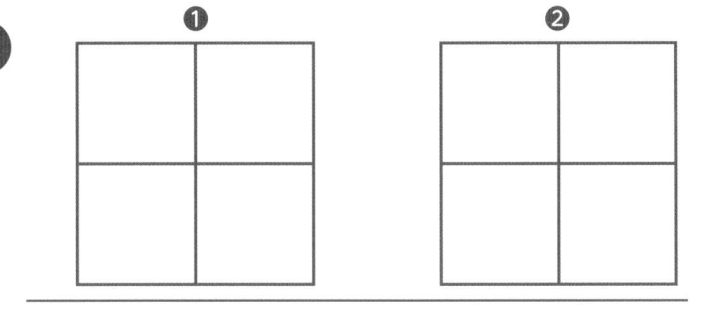

15 あめの かず

さくらさん・ゆりさん・すみれさんが もって いる あめの かずの
はなしを して います。

わたしは あめを
3こ もって いるよ。

さくらさん

わたしは さくらさんより
2こ おおいよ。

ゆりさん

わたしは ゆりさんより
1こ すくないよ。

すみれさん

もって いる
あめの かずを
えに かいて
くらべて みよう。

いちばん たくさん あめを もって いるのは だれですか。

こたえ

_____

16 かさねて みよう

空 算数内容 形 思考力

❶の かたちと ❷の かたちを かさねると ❸の かたちに なります。

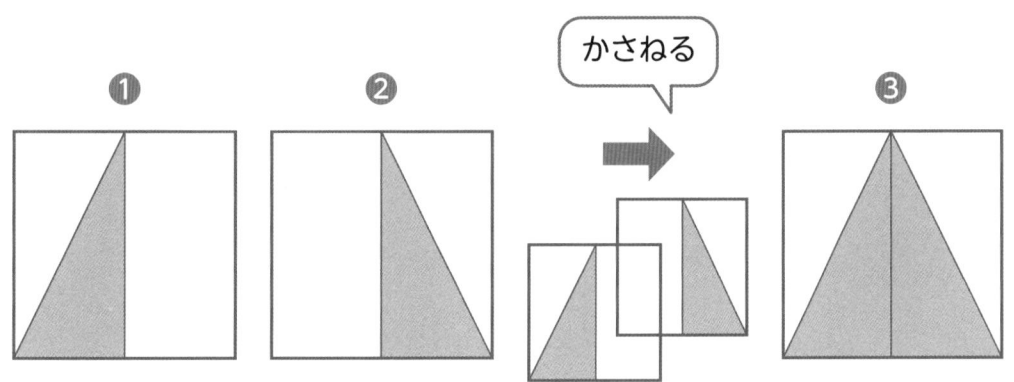

かさねる

したの ❶の かたちと ❷の かたちを かさねると
あ・い・うの どの かたちに なりますか。

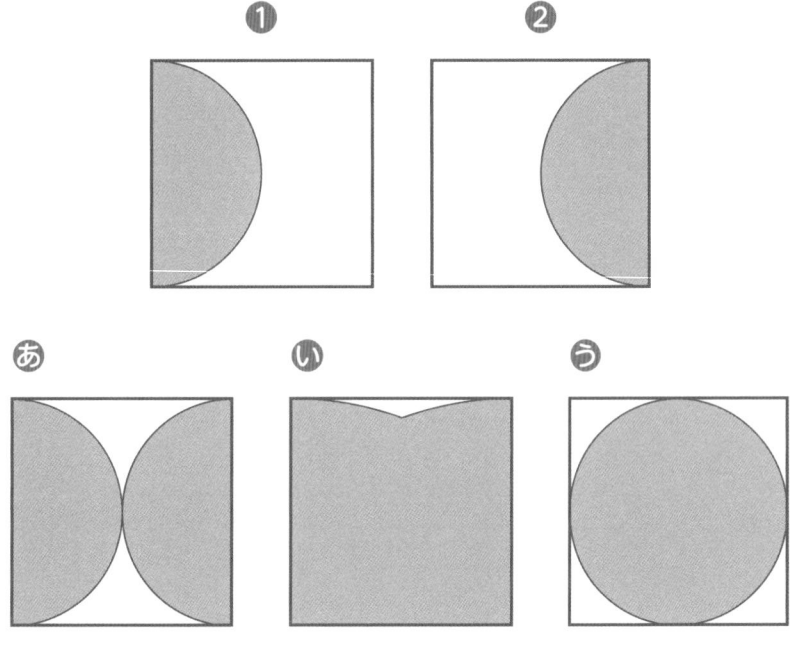

こたえ

17 ゴールした じゅん

 論 算数内容　筋 思考力

なつきさん・さとしさん・あきらさんの　３にんが　かけっこを　しました。
ヒントを　よんで　かんがえましょう。

ヒント

❶ さとしさんは　あきらさんより　さきに　ゴールしました。

❷ なつきさんは　あきらさんより　さきに　ゴールしました。

❸ なつきさんは　１ばんで　ゴールしませんでした。

(1) さとしさんと　あきらさんは　どっちが　さきに　ゴールしましたか。

(2) なつきさんと　あきらさんは　どっちが　さきに　ゴールしましたか。

(3) ３にんが　ゴールした　じゅんに　なまえを　かきましょう。

ゴールした
じゅんに
なまえを　ならべて
かんがえよう。

こたえ

(1)	(2)	(3)

18 3こ とった かたちは？

空 算数内容 形 思考力

 を 8こ つかって
❶の ような かたちを つくりました。
ここから を 3こ とると
できる かたちは どれですか。

❶

あ
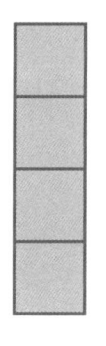

い
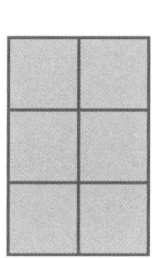

う
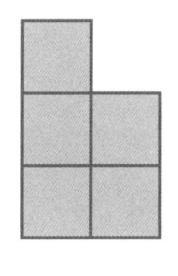

つみきなどを
8こ ならべて
かんがえよう。

こたえ

19 くろと しろ

変 算数内容 情 思考力

■を □に して □を ■に します。

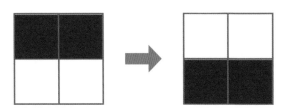

したの (1)と (2)で ■を □に して □を ■に すると
どう なりますか。
■に なる ところを ぬりましょう。

(1)

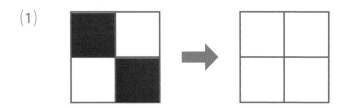

(2)

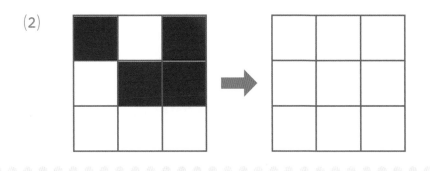

はじめは
□の ところを
■に ぬろう。

こたえ

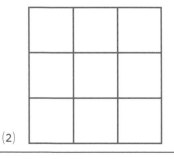

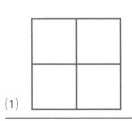

(1)　　　　　　　(2)

20 てを つないで いるのは どの こ？

論 算数内容　筋 思考力

だいちさん・かいとさん・あかりさん・ひなたさんの　4にんが
てを　つないで　います。

ひなた　　かいと　　だいち　　あかり
さん　　　さん　　　さん　　　さん

(1) かいとさんが　ひだりてを　つないで　いるのは　どの　こですか。

(2) だいちさんが　みぎてを　つないで　いるのは　どの　こですか。

(3) だれとも　みぎてを　つないで　いないのは　どの　こですか。

> まえを
> むいて　いるから
> みぎてと　ひだりては
> ぎゃくに　なるよ。

こたえ

(1) _____　(2) _____　(3) _____

21 かくした かず

数 算数内容 情 思考力

10この おはじきが あります。
なんこか おはじきを てで かくしました。
なんこ かくしたかな。

(1)
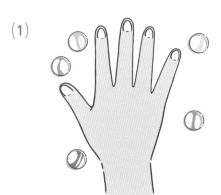

(2)
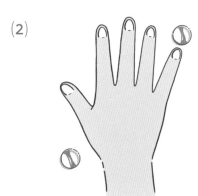

(3)
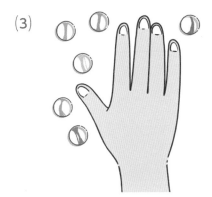

(4)
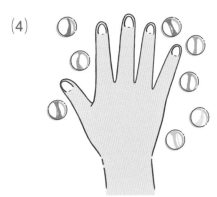

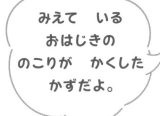
みえて いる
おはじきの
のこりが かくした
かずだよ。

こたえ

(1)	(2)	(3)	(4)

22 パズル

空（くう）◀ 算数内容（さん すう ない よう）　形（かたち）◀ 思考力（し こう りょく）

パズルの　❶・❷・❸・❹に　はいる　ものを
したの　あ・い・う・えから　それぞれ　ひとつずつ　えらびましょう。

かたちと
えから
かんがえよう。

あ　　　　　い　　　　　う　　　　　え

こたえ

❶　　　　　❷　　　　　❸　　　　　❹

23 くりかえし②

変 算数内容（さん すう ない よう）　情 思考力（し こう りょく）

(1)・(2)の えは ある きまりで ならんで います。

(1) ☐ に はいる かたちは なにかな。

○△□○△□○△□○△ ☐ ○△□…

(2) ☐ に はいる さいころの かずは いくつかな。

どんな
きまりで
ならんで
いるかな？

こたえ

(1)　　　　　(2)

24 やじるしの ほうから みると

空◀算数内容　形◀思考力

さいころの かたちの つみきを ならべます。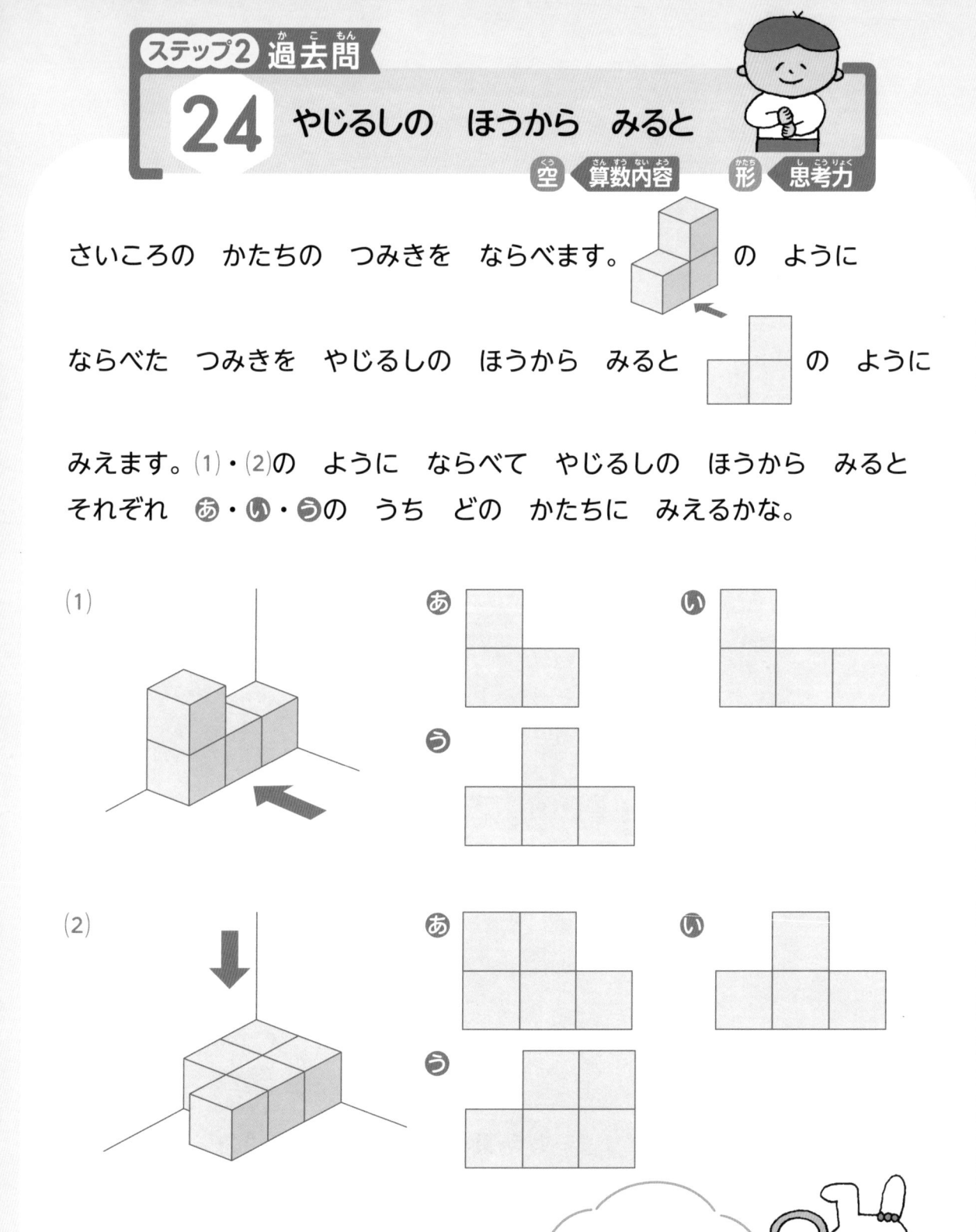 の ように

ならべた つみきを やじるしの ほうから みると　　　の ように

みえます。(1)・(2)の ように ならべて やじるしの ほうから みると
それぞれ あ・い・うの うち どの かたちに みえるかな。

(1)

あ　　い

う

(2)

あ　　い

う

つみきや かみを
おなじように
ならべて みよう!

こたえ

(1)　　　　　　(2)

25 あまるのは なに？

デ 算数内容（さんすうないよう）　情 思考力（しこうりょく）

テーブルに ごはん・みそしる・ハンバーグが いくつか あります。

ひとりぶんの しょくじを できるだけ たくさん よういします。

この とき あまるのは なにと なにかな。

また それぞれ いくつ あまるかな。

つぎの ☐ に はいる ことばと すうじを かきましょう。

▼ここにかきましょう

☐ が ☐ つと

↑ことば　　　↑すうじ

ひとりぶんの しょくじ

▼ここにかきましょう

☐ が ☐ つ あまる。

↑ことば　　　↑すうじ

ひとりぶんの しょくじは ごはん・みそしる・ハンバーグ（はんばあぐ）が 1つずつだよ。

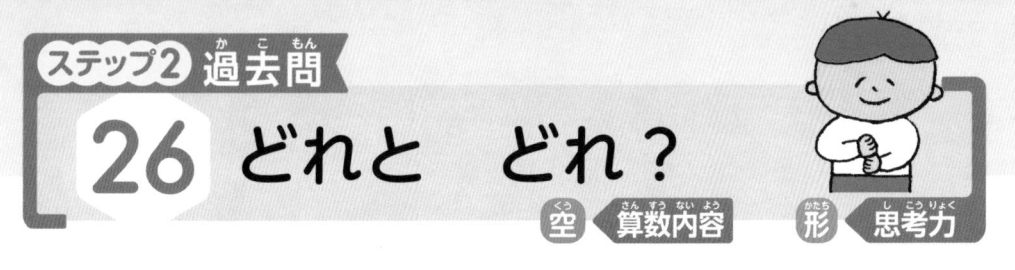

ステップ2 過去問(かこもん)

26 どれと　どれ？

空(くう) 算数内容(さんすうないよう)　形(かたち) 思考力(しこうりょく)

(1)・(2)・(3)の　かたちは　それぞれ　あ・い・う・えの　どれと　どれが　かさなると　できるかな。

(1)　あ　い　う　え

(2)　あ　い　う　え

(3)　あ　い　う　え

かさなって
いる　かたちを
２つの　かたちに
わけてみよう！
むきを　かえても
いいよ。

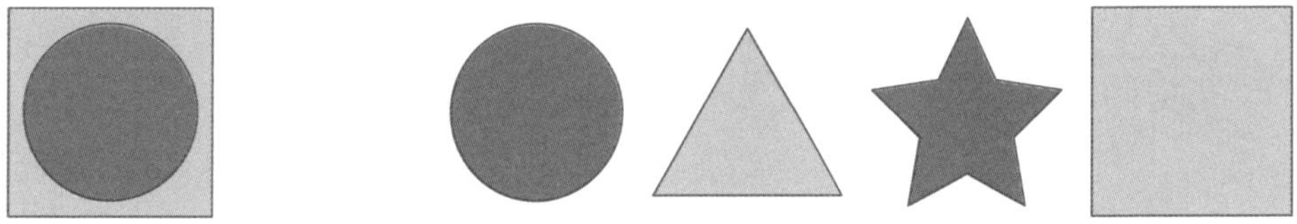

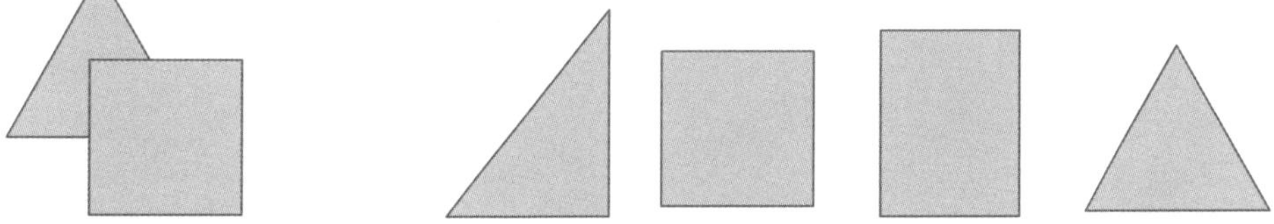

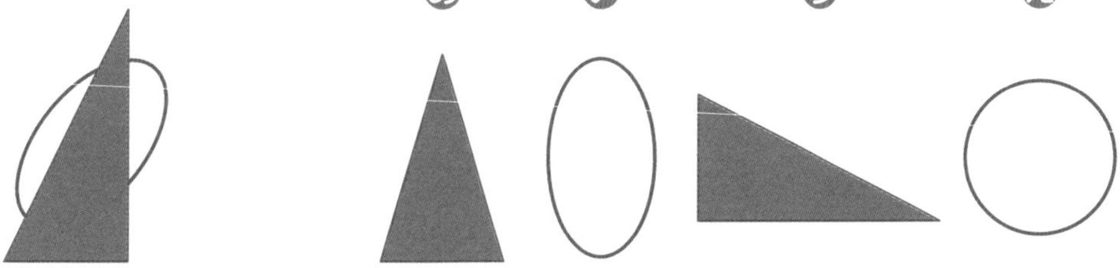

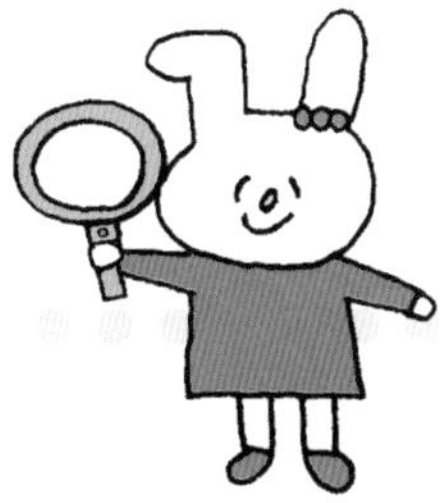

こたえ

(1)　　と　　(2)　　と　　(3)　　と

27 たてと よこ

論 算数内容（さん すう ない よう） 筋 思考力（し こう りょく）

□ に はいる もじや かたちを かんがえます。

(1) したの あいて いる □ の なかに 「あ」か 「い」を いれます。
どの たてにも どの よこにも 2つの ちがう もじが
ならぶように しましょう。

▼ここにかきましょう

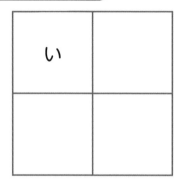

たても よこも
「あ」と 「い」が
1つずつだよ。

(2) したの あいて いる □ の なかに 「○」か 「×」か 「△」を
いれます。どの たてにも どの よこにも 3つの ちがう
かたちが ならぶように しましょう。

▼ここにかきましょう

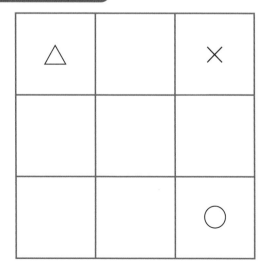

28 どう みえる？①

空 算数内容　形 思考力

れみさんが つくえの うえの つみきを みると あ・い・う・えの
どのように みえるかな。

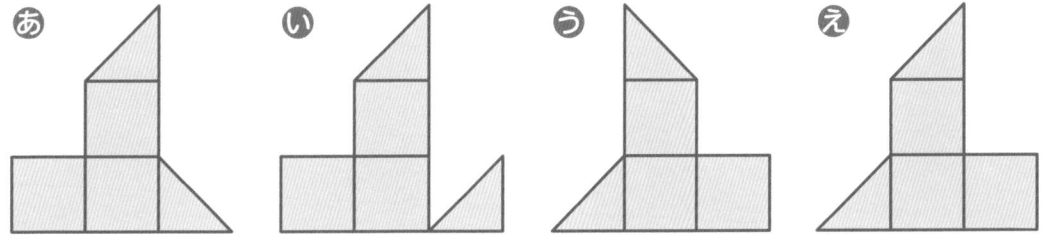

あ　い　う　え

れみさんから
みると えと
はんたいに
みえるよ。

こたえ

29 かさなって いる ところ

空〈算数内容　形〈思考力

（れい）の ように ⑴と ⑵の
□と △が かさなって いる ところを
くろく ぬりましょう。

（れい）

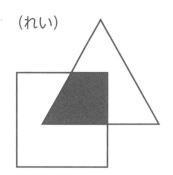

▼ここにかきましょう

（1）

▼ここにかきましょう

（2）

□と △を
ちがう いろで
なぞると
かさなりが
わかるよ。

30 おなじ かたちを かこう

空（くう） 算数内容（さん すう ない よう） 形（かたち） 思考力（し こう りょく）

ひだりの えと おなじ かたちに なるように
それぞれ みぎの えの てんせん（──────）を なぞりましょう。

ひだり　　　　　　　　　　　　　　みぎ

(1)

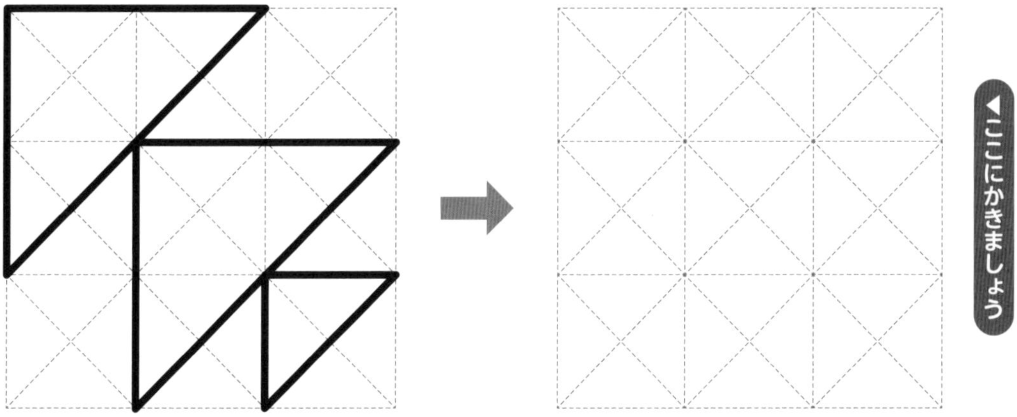

➡ ◀ここにかきましょう

(2)

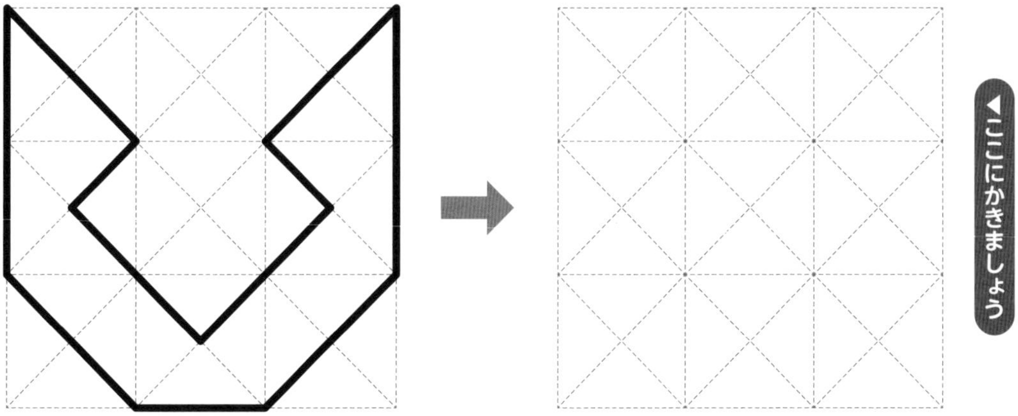

➡ ◀ここにかきましょう

(3)

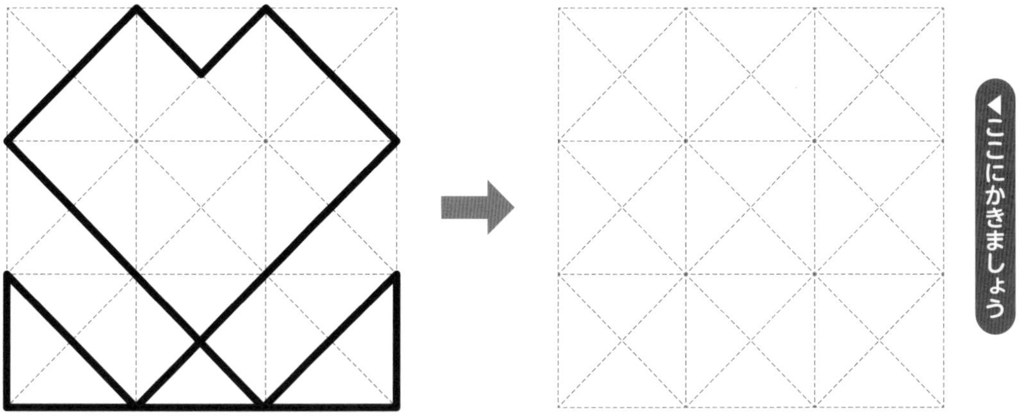

➡ ◀ここにかきましょう

31 じゃんけん

変〈算数内容（さんすうないよう） 筋〈思考力（しこうりょく）

けんたさんと　くみさんが　じゃんけんを　しました。
グー（ぐう）は　チョキに　かち　チョキ（ちょき）は　パー（ぱあ）に　かち
パー（ぱあ）は　グー（ぐう）に　かちます。

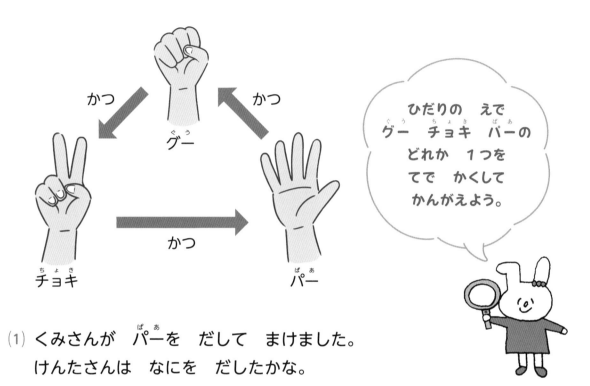

かつ　グー（ぐう）　かつ
かつ
チョキ（ちょき）　パー（ぱあ）

> ひだりの　えで
> グー（ぐう）　チョキ（ちょき）　パー（ぱあ）の
> どれか　1つを
> てで　かくして
> かんがえよう。

(1) くみさんが　パー（ぱあ）を　だして　まけました。
　　けんたさんは　なにを　だしたかな。

(2) くみさんが　かちました。けんたさんは　グー（ぐう）を　だしました。
　　くみさんは　なにを　だしたかな。

(3) けんたさんが　まけました。くみさんは　チョキ（ちょき）を　だしました。
　　けんたさんは　なにを　だしたかな。

こたえ

(1)	(2)	(3)

32 うえから みると

空 算数内容（さんすうないよう）　形 思考力（しこうりょく）

さいころの　かたちの　つみきを　したの　えの　ように　ならべました。
この　ならべた　つみきを　うえから　みると　あ・い・う・え・おの
うち　どの　かたちに　みえるかな。

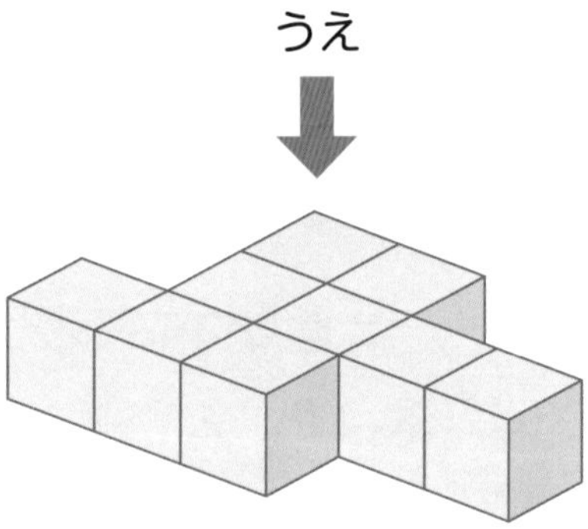

うえ

あ

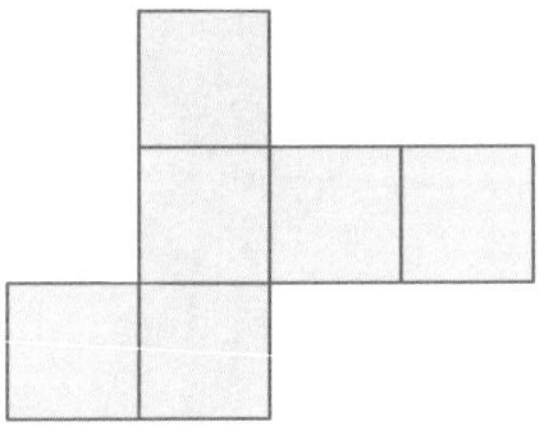

い

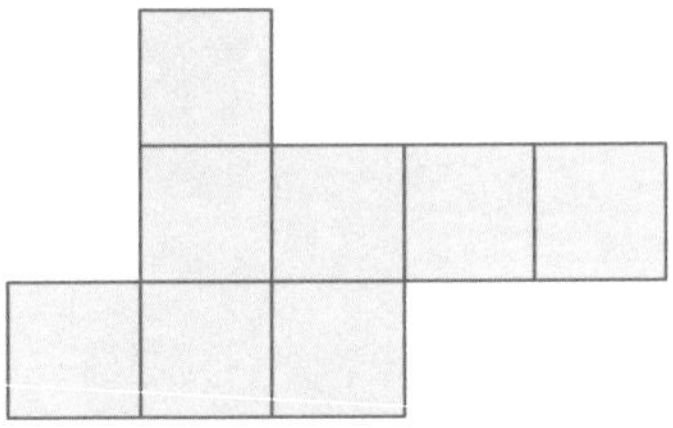

う

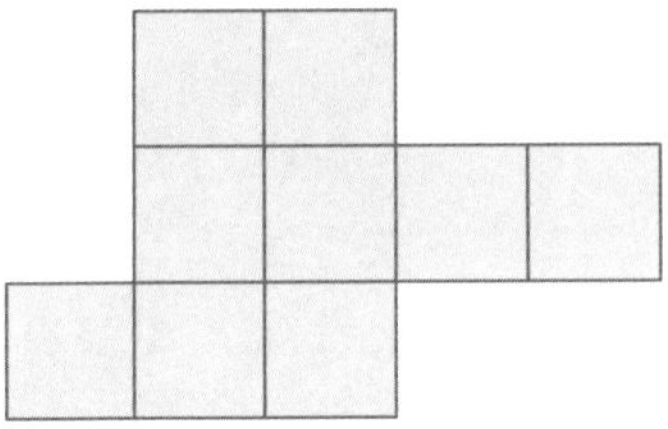

え

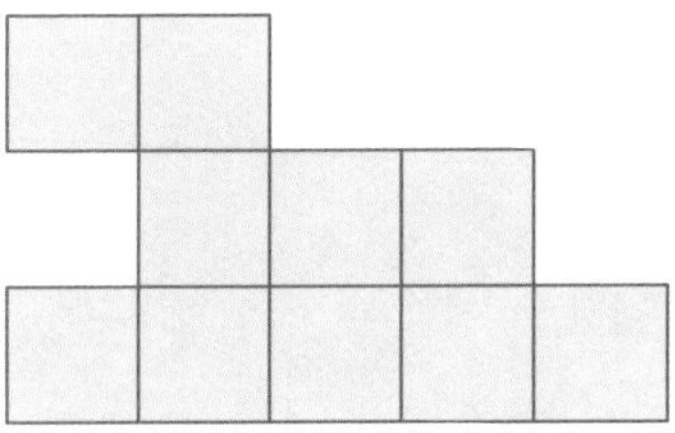

お

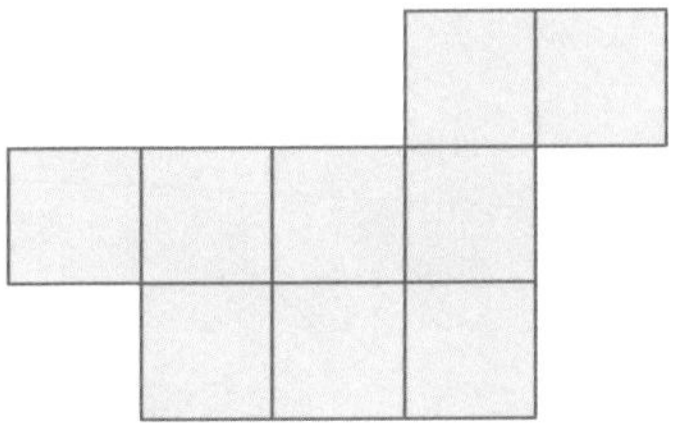

つみきや　かみを
おなじように
ならべて
みよう！

こたえ

33 あめを ふくろに いれよう

デ 算数内容（さんすうないよう） 情 思考力（しこうりょく）

あかい あめ ● と あおい あめ ● が たくさん あります。

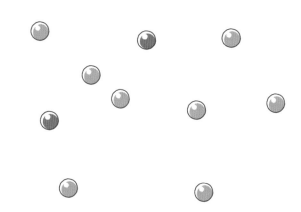

(1) あかい あめは あおい あめより なんこ すくないかな。

(2) あかい あめ 1こと あおい あめ 2こが
はいった ふくろを つくります。
ふくろは ぜんぶで いくつ できるかな。

(3) (2)で あまった あめを ぜんぶ つかって
(2)と おなじ ふくろを もっと つくります。
あかい あめは あと なんこ いるかな。

あかい あめ 1こと
あおい あめ 2こを
まるで かこもう。

こたえ

(1)　　　　　　　　(2)　　　　　　　　(3)

34 おなじ やさいを むすぼう

空 算数内容（くう さんすうないよう）　形 思考力（かたち しこうりょく）

(れい)の ように おなじ やさいを
せんで むすびましょう。
ただし せんが かさなったり
わくの そとに でては いけないよ。

(れい)

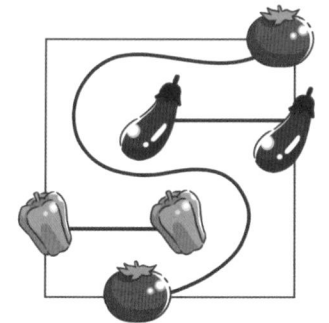

(1)

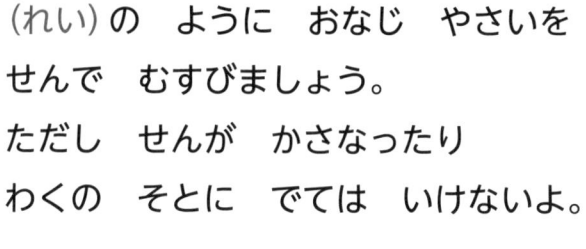

(2)

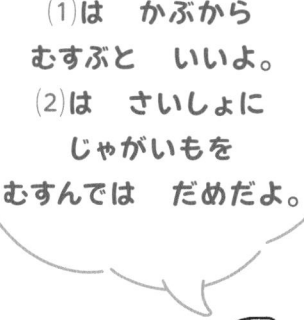

(1)は かぶから
むすぶと いいよ。
(2)は さいしょに
じゃがいもを
むすんでは だめだよ。

35 おもさくらべ②

論 算数内容（さん すう ない よう）　筋 思考力（し こう りょく）

シーソーを　つかって　おもさくらべを　しました。
シーソーは　おもい　ほうが　したに　さがります。
おもい　じゅんに　なまえを　かきましょう。

(1)

(2)

> シーソーの
> ようすから
> どっちが　おもいか
> かいて　いこう。

こたえ

(1) 　　　　→　　　　→

(2) 　　　　→　　　　→

36 なんこ ならんで いるかな？

空 算数内容　形 思考力

さいころの　かたちの　つみきを　かべに　つけて
(れい)の　ように　ならべました。
(1)・(2)・(3)は　なんこの　つみきが　ならんで　いるかな。

(れい)

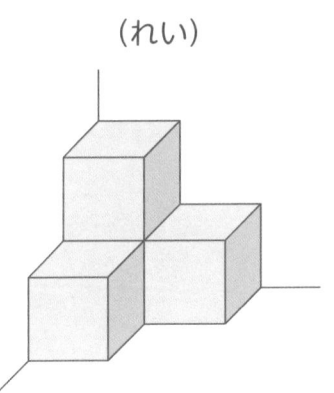

4こ　ならんで　います。

(1)

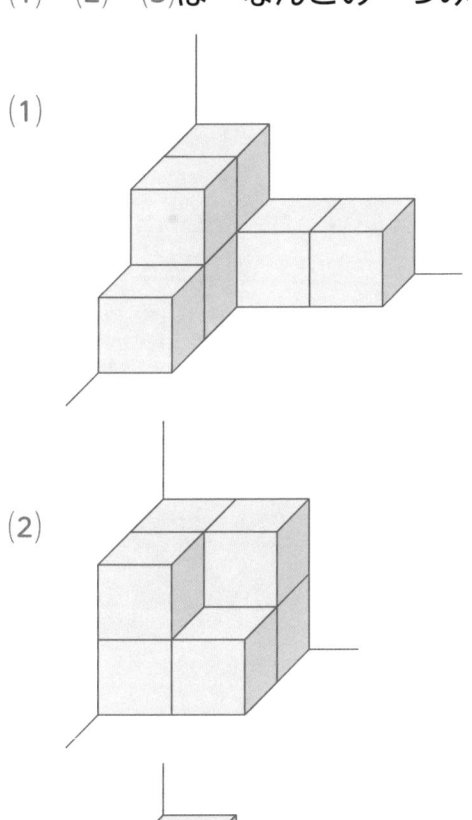

(2)

(3)

それぞれの　だんに
わけて　かんがえよう。
みえて　いない
つみきも　あるよ！

こたえ

(1)	(2)	(3)

38

37 せいくらべ

論 算数内容（さん すう ない よう）　筋 思考力（し こう りょく）

しょうたさん・ひろきさん・かなさんが　せいくらべを　しました。

・しょうたさんは　ひろきさんより　せが　たかい。

・ひろきさんは　2ばんめに　せが　たかい。

せが　たかい　じゅんに　なまえを　かきましょう。

しょうたさんは
1ばん
たかいかな。
3ばんめに
たかいかな。
どっちかな？

こたえ

→　　　　　　→

38 むきに ちゅうい！

変（へん） 算数内容（さん すう ない よう） 情（じょう） 思考力（し こうりょく）

ある きまりで やじるしが ならんで います。
きまりの とおりに ならぶように ☐ に やじるしを かきましょう。

(1)

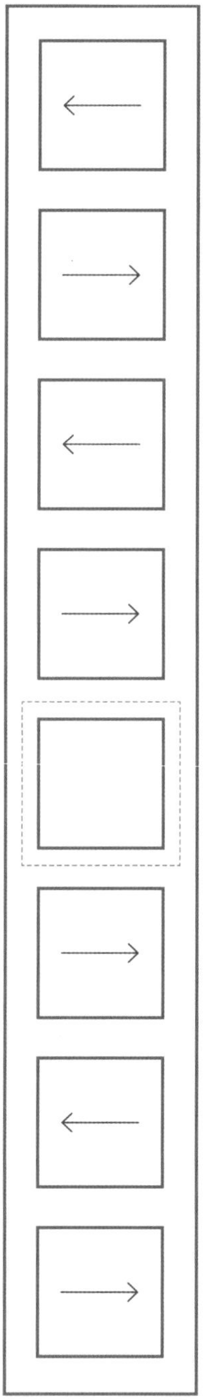

| ← |
| → |
| ← |
| → |
| |
| → |
| ← |
| → |

(2)

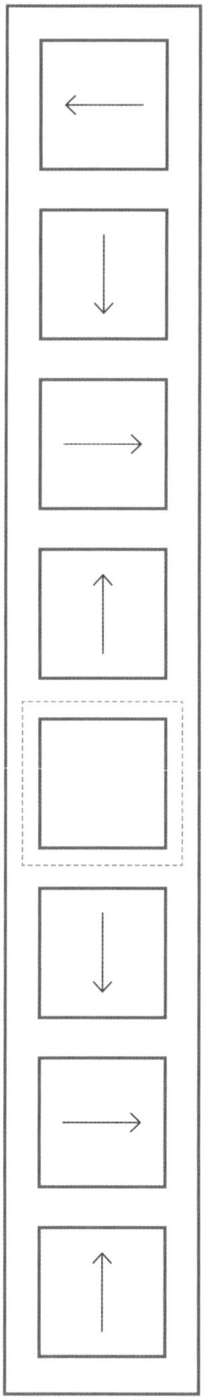

| ← |
| ↓ |
| → |
| ↑ |
| |
| ↓ |
| → |
| ↑ |

(3)

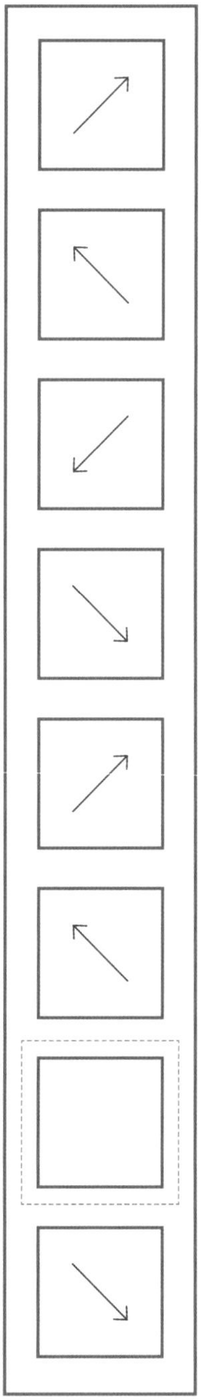

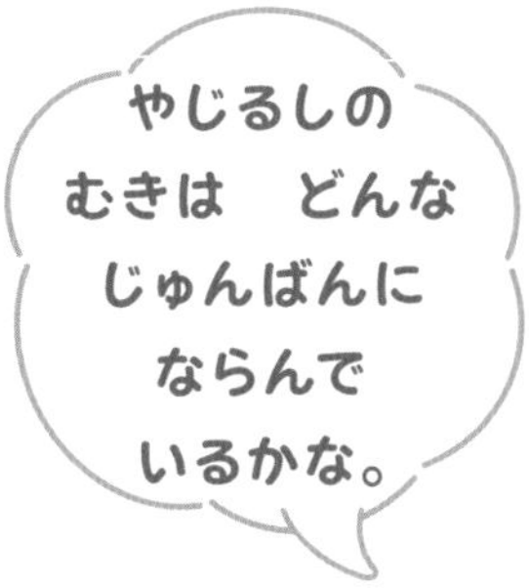

| ↗ |
| ↗ |
| ↙ |
| ↘ |
| ↗ |
| ↗ |
| |
| ↘ |

やじるしの
むきは どんな
じゅんばんに
ならんで
いるかな。

（きまり）を みて ひだりの かたちを みぎの かたちに かえます。

（れい）

ひだり

みぎ

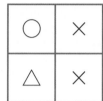
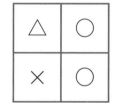

（きまり）

ひだり　みぎ
○ → △
△ → ×
× → ○

（れい）の ように かたちを かえましょう。

○・△・×を
わけて
かんがえると
わかりやすいよ！

(1)　ひだり

みぎ

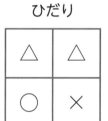
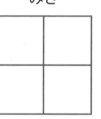

◀ここにかきましょう

(2)　ひだり

みぎ

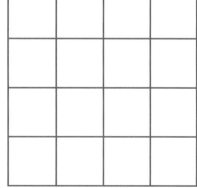

◀ここにかきましょう

41

さいころの　かたちの　つみきを　7こ　つみあげました。
つみあげた　つみきを　ゆうたさんが　みると　どう　みえるかな。

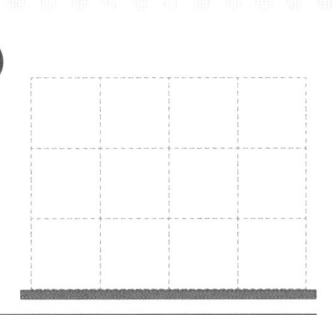 の　ように　みえる　かたちを　せんで　かきましょう。

ゆうたさんから
みると
みぎと　ひだりが
はんたいに
なるよ。

こたえ

ステップ1

1 どの こでしょう？ …… P3

さがすのは えまさんです。

ヒント から えまさんは

・ぼうしを かぶって いる

・かさを もって いる

・ズボンを はいて いる

となります。えまさんは

ぜんぶが あって いる

⑩の こです。

こたえ ⑩

2 かくれて いるのは？ …… P4

くもを とった ときの かたちを
かんがえます。かくれて いるのは
どんな かたちか かんがえましょう。

(1) くもを とると さんかくが でて
   きます。

(2) くもを とると やじるしが でて
   きます。

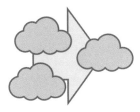 

こたえ (1) ③ (2) ⑥

3 ならびかたを かんがえよう …… P5

(1) 1ずつ ふえるので

   1の つぎには 2が はいり

   4の つぎには 5が はいります。

(2) 1ずつ ふえるので

   4の つぎには 5が はいり

   6の つぎには 7が はいります。

こたえ

(1)
| 1 | 2 | 3 | 4 | 5 |

(2)
| 4 | 5 | 6 | 7 | 8 |

4 ぴったり あうのは？ …… P6

うえの えに □を かさねて かくと よく
わかります。

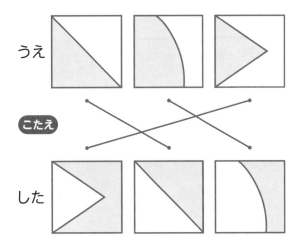

5 くりかえし① ·········· P7

(1) ○×□を じゅんに くりかえして
います。ですから ○の つぎの □には
×が はいります。

(2) ♡△◎を じゅんに くりかえして
います。ですから ◎の つぎの □には
♡が はいります。

こたえ (1) × (2) ♡

6 まわすと どうなる？ ·········· P8

(1) まわして いくと したの ような
かたちに なりますから ⓘです。

(2) まわして いくと したの ような
かたちに なりますから ⓘです。

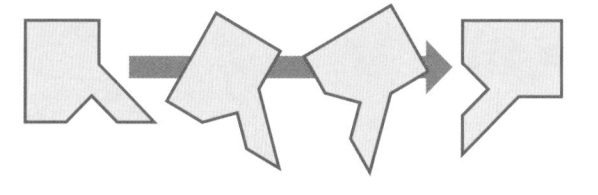

(3) まわして いくと したの ような
かたちに なりますから ⓐです。

こたえ (1) ⓘ (2) ⓘ (3) ⓐ

7 すきな いろ ·········· P9

(1) ひとりを ○1つと して □に ○を
かきます。
したの ように えに しるしを
つけながら ○を かきましょう。

┌─ あおを すきな こに しるしを
│ つけたよ。
└──

あおは 4にん だから ○を 4こ
みどりは ひとり だから ○を 1こ
きいろは 3にん だから ○を 3こ
かきます。
さいごに ○が ぜんぶで
10こ あるか たしかめましょう。

(2) すきな こが いちばん おおい いろの
○が いちばん おおく なります。
ですから あおが いちばん すきな こが
おおい いろです。

こたえ (1)

		○	
		○	○
○		○	○
○	○	○	○
ピンク	みどり	あお	きいろ

(2) あお

8 リボンと くびかざり ……P10

(1) □の なかの リボンと おなじ かたちの
リボンを さがします。おなじ かたちの
リボンを つけた いぬは **あ**です。

(2) □の なかの くびかざりには まるい
もようが ついて います。おなじ まるい
もようの くびかざりを つけた いぬは
いです。

こたえ (1) **あ** (2) **い**

9 かめの きょうそう ……P11

ちがうと わかる ところに ×を つけます。
たろうは

たろう < わたしは 1ばんを とれなかったよ。

と いって いるので
たろうの 1ばんに ×が ついて います。
みどりは

みどり < わたしは 2ばんでは ないよ。

と いって いるので
みどりの 2ばんに ×を つけます。

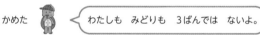

	1ばん	2ばん	3ばん
たろう	×		
みどり		×	
かめた			

かめたは

かめた < わたしも みどりも 3ばんでは ないよ。

と いって いるので
かめたと みどりの 3ばんに
×を つけます。

	1ばん	2ばん	3ばん
たろう	×		
みどり		×	×
かめた			×

みどりは 2ばんでも 3ばんでも ないので
1ばんです。

	1ばん	2ばん	3ばん
たろう	×		
みどり	○	×	×
かめた			×

45

みどりが 1ばん なので
かめたは 1ばんでは ありません。
ですから かめたは 2ばんです。

	1ばん	2ばん	3ばん
たろう	×		
みどり	○	×	×
かめた	×	○	×

かめたが 2ばん なので
たろうは 2ばんでは ありません。
たろうは 1ばんでも ないので 3ばんです。

	1ばん	2ばん	3ばん
たろう	×	×	○
みどり	○	×	×
かめた	×	○	×

こたえ たろう 3ばん
みどり 1ばん
かめた 2ばん

10 おもさくらべ①……………………P12

シーソーは おもい ほうが
したに さがります。ひだりが 「かるい」
みぎが 「おもい」に なるように
どうぶつを ならべて かんがえます。

(1) どっちの シーソーにも のって いる
リスを たてに ならべます。

```
（ひだり）     リス──キツネ   （おもい）
（かるい）  カエル──リス      （みぎ）
```

ですから キツネと カエルは
キツネの ほうが おもいです。

(2) どっちの シーソーにも のって いる
ヒツジを たてに ならべます。

```
（ひだり）     ウシ──ヒツジ    （おもい）
（かるい）  ペンギン──ヒツジ   （みぎ）
```

ヒツジは ウシと ペンギンの
どっちよりも おもいので
いちばん おもいのは ヒツジです。
ウシと ペンギンは どっちが
おもいか わかりません。

こたえ (1) キツネ (2) ヒツジ

11 のこりは なんこ？ ········· P13

みかんは はこに 5こずつ はいって います。
とりだして みえて いる みかんの
のこりが はこに ある みかんの
かずです。

たけるさん ●●□○○○
　　　のこって いる みかん 3こ

あおいさん ●●●●□○
　　　のこって いる みかん 1こ

みさきさん ●□○○○○
　　　のこって いる みかん 4こ

こたえ たけるさん 3こ
　　　　あおいさん 1こ
　　　　みさきさん 4こ

12 ぜんぶ ひろって ········· P14

たからものを あ・い・う・え と します。

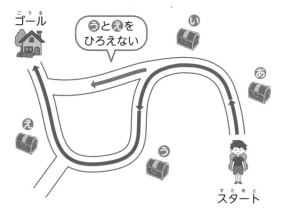

スタートから あ→い と すすんだ あと
ゴールすると う と え の たからものを
ひろえません。
あ→い→う→え の じゅんに すすむと
ぜんぶの たからものを ひろって
ゴールできます。

こたえ

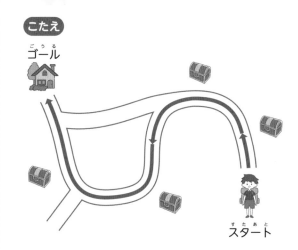

13 みぎと ひだり ········· P15

みぎの かごに はいる くだものと
ひだりの かごに はいる くだものを
わけて かくと わかりやすいです。

ひだり	みぎ
	りんご
みかん	
	さくらんぼ
ぶどう	
	ばなな
いちご	
	すいか

いちごは ひだりの かごに いれます。

 こたえ ひだり

14 ○と △と ◎と ×……P16

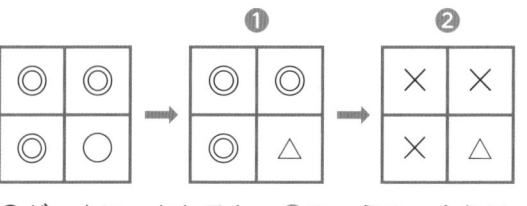

○が △に かわると ❶の えの ように
なります。

◎が ×に かわると ❷の えの ように
なります。

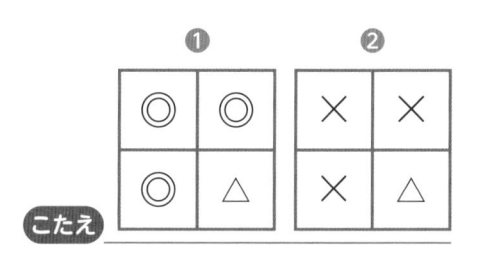

こたえ _____

15 あめの かず……P17

さくらさんは あめを 3こ もって います。

さくらさん

ゆりさんは さくらさんより 2こ おおいので
あめを 5こ もって います。

ゆりさん

2こ おおい

すみれさんは ゆりさんより 1こ
すくないので あめを 4こ もって います。

すみれさん

1こ すくない

あめを いちばん おおく もって いるのは
ゆりさんです。

こたえ ゆりさん

16 かさねて みよう……P18

2つの かたちを かさねると
したの ように なります。

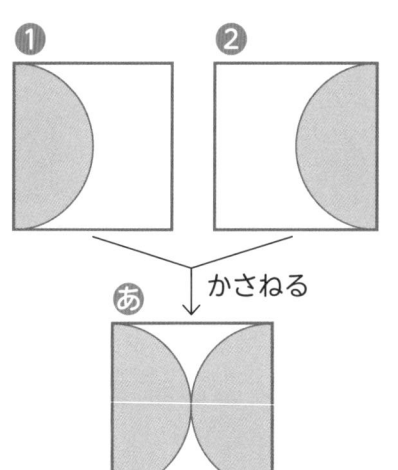

かさねる

こたえは あです。

こたえ あ

17 ゴールした じゅん ……………P19

ひだりが 「さきに ゴール」
みぎが 「あとに ゴール」に なるように
なまえを ならべて かんがえます。

ヒント ❶と ❷から
あきらさんを そろえて ならべると
したの ように なります。

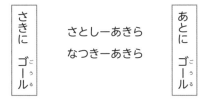

ですから ⑴は さとしさん
⑵は なつきさん
が それぞれ さきに ゴールしました。
また ヒント ❸から
なつきさんは 1ばんで ゴールして
いないので
さとしさんが 1ばんで ゴールした ことが
わかります。

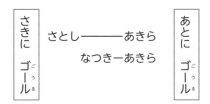

こたえ ⑴ さとしさん
⑵ なつきさん
⑶ さとしさん・なつきさん・あきらさん

18 3こ とった かたちは？ ……………P20

あ・い・うは ■を なんこ とると
できる かたちかを しらべます。

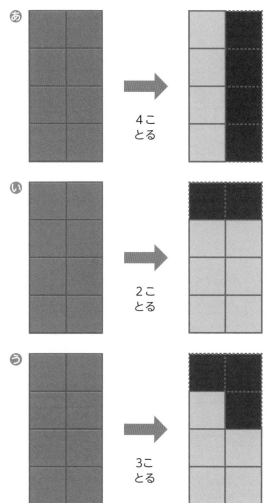

この ように なるので
こたえは うです。
うは ■を 3こ とっています。

こたえ う

19 くろと しろ

............P21

ひだりの えの □の ところに ○を つけ
○の ところを みぎの えで ■に します。
こう すると わかりやすく なります。

(1)
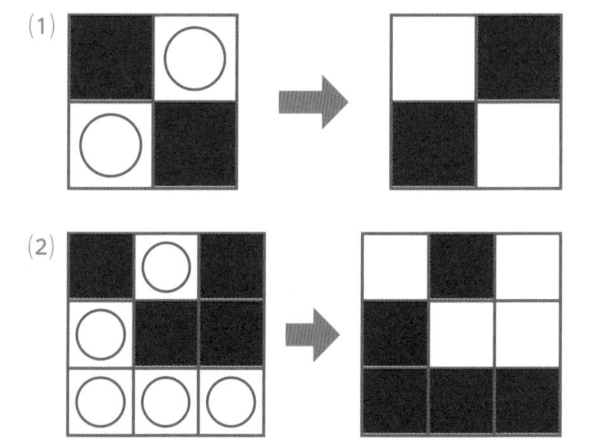

(2)

(1)

(2)

こたえ _____

20 てを つないで いるのは どの こ?...P22

えを みて その ひとの みぎてと
ひだりてが どっちに なるかを
かんがえましょう。

(1) かいとさんの ひだりてに ○を つけると
だいちさんと てを つないで います。

ひなた　　かいと　　だいち　　あかり
さん　　　さん　　　さん　　　さん

(2) だいちさんの みぎてに ○を つけると
かいとさんと てを つないで います。

ひなた　　かいと　　だいち　　あかり
さん　　　さん　　　さん　　　さん

(3) 4にんの みぎてに ○を つけると
ひなたさんだけ だれとも てを
つないで いません。

ひなた　　かいと　　だいち　　あかり
さん　　　さん　　　さん　　　さん

こたえ (1) だいちさん　(2) かいとさん
　　　　　　 (3) ひなたさん

21 かくした かず

P23

おはじきは ぜんぶで 10こです。
みえて いる おはじきの のこりが
かくした おはじきの かずです。

(1) ●●●●● ◯◯◯◯◯

かくした おはじき 5こ

(2) ●● ◯◯◯◯◯◯◯◯

かくした おはじき 8こ

(3) ●●●●●● ◯◯◯◯

かくした おはじき 4こ

(4) ●●●●●●●● ◯◯

かくした おはじき 2こ

こたえ (1) 5こ (2) 8こ
(3) 4こ (4) 2こ

22 パズル

P24

❶・❷・❸・❹の かたちと まわりの えから
ぴったり はいる ものを さがします。

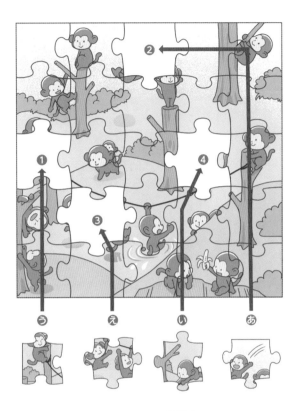

う　え　い　あ

こたえ ❶ う ❷ あ
❸ え ❹ い

23 くりかえし② P25

(1) ○→△→□を くりかえして いるので
△の つぎの ▢ には □が はいります。
□の うしろに せんを ひくと
わかりやすいです。
○△□｜○△□｜○△□｜○△□｜…

(2) ⚀→⚁→⚂を くりかえして いるので
⚁の つぎの ▢ には
⚂が はいります。
⚂の うしろに せんを ひくと
わかりやすいです。
⚀ ⚁ ⚂ ｜ ⚀ ⚁ ⚂ ｜ …

こたえ (1) □ (2) ⚂

24 やじるしの ほうから みると P26

(1) したと うえに わけて かんがえます。

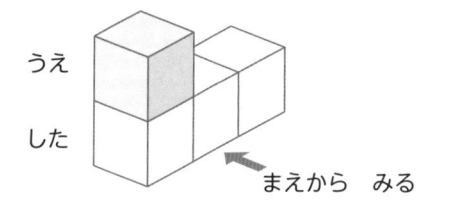

うえ
した
まえから みる

まえから みると
したの だんは □が 3つ あるので
▢▢▢の かたちに みえます。
うえの だんは □が 1つ ひだりはしに
あるので
の かたちに みえます。
こたえは ⓘです。

(2) みぎと ひだりに わけて
かんがえます。

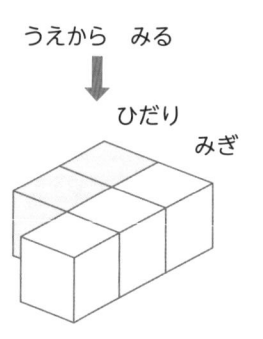

うえから みる
ひだり
みぎ

うえから みると
みぎは □が 3つ あるので
▢▢▢の かたちに みえます。
ひだりは □が 2つ あるので
の かたちに みえます。
こたえは ⓤです。

こたえ (1) ⓘ (2) ⓤ

25 あまるのは なに？ ⋯⋯⋯P27

ごはん・みそしる・ハンバーグで
ひとりぶんの しょくじです。
ひとりぶんずつ せんで かこみます。

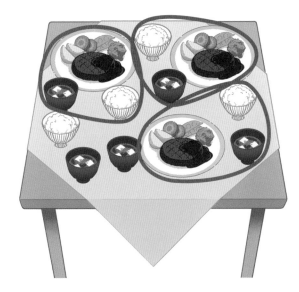

ごはんが 1つと みそしるが 2つ
あまります。

こたえ
ごはん が 1つ と
みそしる が 2つ あまる。

みそしる が 2つ と
ごはん が 1つ あまる。
でもよい。

26 どれと どれ？ ⋯⋯⋯⋯⋯P28

うえに かさなって いる かたちを とって
したの かたちを かんがえます。

(1) うえに かさなって いるのは あです。
あを とると したに あるのは
えです。

(2) うえに かさなって いるのは いです。
いを とると したに あるのは
えです。

(3) うえに かさなって いるのは うです。
うは むきが かわって います。

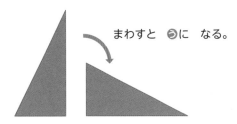

まわすと うに なる。

うを とると したに あるのは
いです。
したに ある いも
むきが かわって います。

こたえ (1) あとえ
(2) いとえ
(3) うとい

27 たてと よこ ·············· P29

(1) わかる ところから じゅんに
    かんがえます。

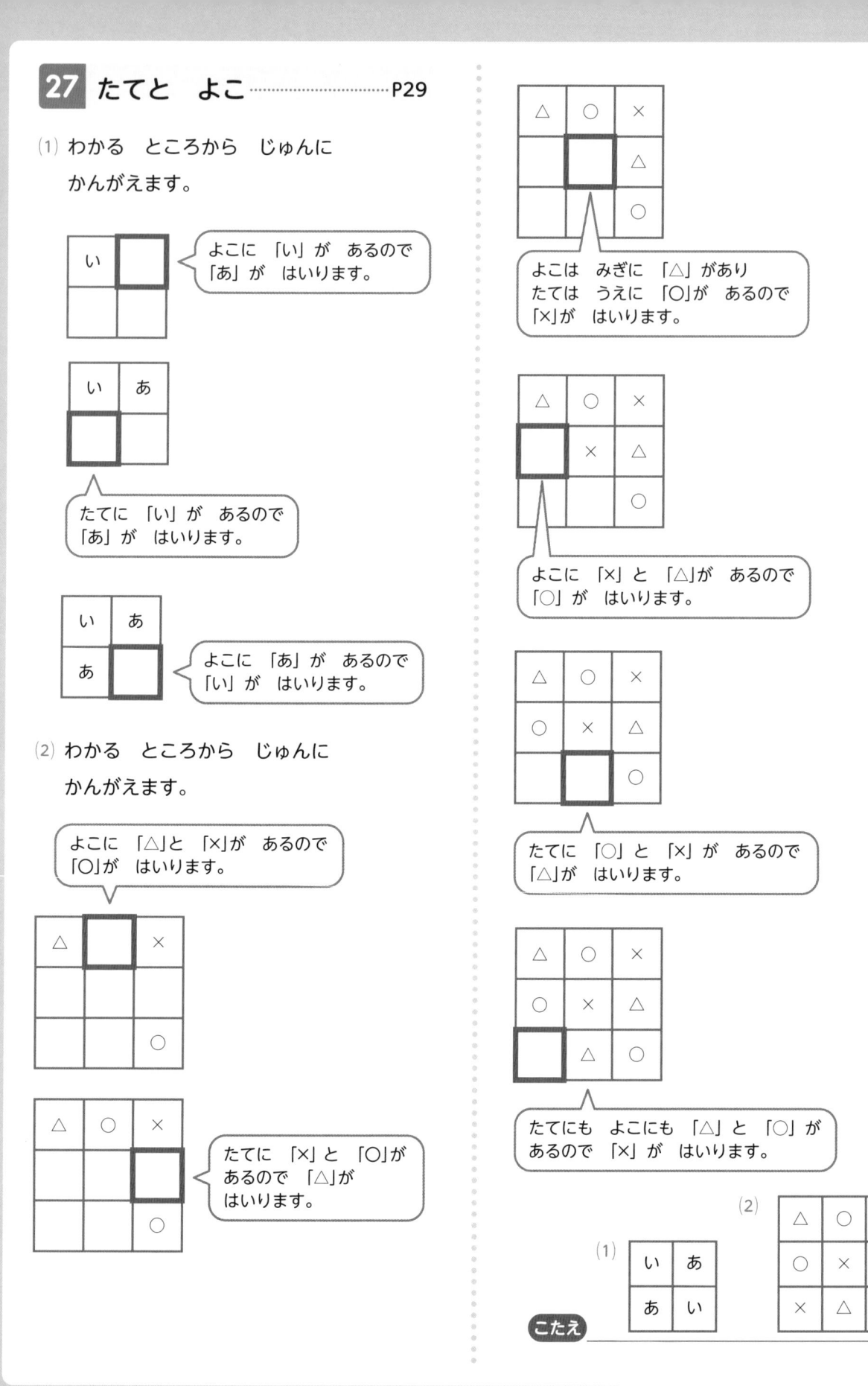

よこに 「い」 が あるので
「あ」 が はいります。

たてに 「い」 が あるので
「あ」 が はいります。

よこに 「あ」 が あるので
「い」 が はいります。

(2) わかる ところから じゅんに
    かんがえます。

よこに 「△」と 「×」が あるので
「○」が はいります。

たてに 「×」と 「○」が
あるので 「△」が
はいります。

よこは みぎに 「△」があり
たては うえに 「○」が あるので
「×」が はいります。

よこに 「×」と 「△」が あるので
「○」が はいります。

たてに 「○」と 「×」が あるので
「△」が はいります。

たてにも よこにも 「△」と 「○」が
あるので 「×」が はいります。

(1)

い	あ
あ	い

(2)

△	○	×
○	×	△
×	△	○

こたえ _____

28 どう みえる？① P30

れみさんから みると
ひだりは さんかくの つみき
まんなかは ３つ つまれた つみき
みぎは しかくの つみきです。

れみさんの
みぎがわ

れみさんの
ひだりがわ

みぎは
しかくの
つみき

まんなかは
３つ つまれた
つみき

ひだりは
さんかくの
つみき

みえるのは あ・い・う・え の うち
う か え の どちらかです。
まんなかの つみきを かんがえます。
まんなかの いちばん うえの つみきは
れみさんから みると ひだりがわが たかい
さんかくです。

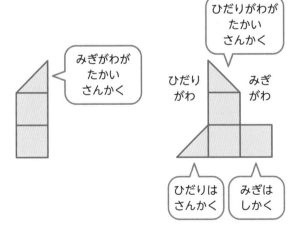

みぎがわが
たかい
さんかく

ひだりがわが
たかい
さんかく

ひだり
がわ

みぎ
がわ

ひだりは
さんかく

みぎは
しかく

こたえは う です。

こたえ う

29 かさなって いる ところ P31

(1) □を あかで △を あおで なぞると
あかと あおで かこまれた ところが
できます。
ここが かさなって いる ところです。

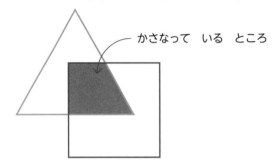

かさなって いる ところ

(2) □を あかで △を あおで なぞると
あかと あおで かこまれた ところが
できます。
ここが かさなって いる ところです。

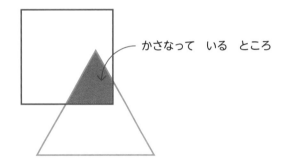

かさなって いる ところ

こたえ うえの え

30 **おなじ かたちを かこう**・・・・・・・・・・P32

ひだりの えを よく みて
せんが おれまがる ところや
たて・よこ・ななめの せんの ながさに
きを つけて かきましょう。
とくに ななめの せんは まちがいやすいので
きを つけましょう。

こたえ (1)
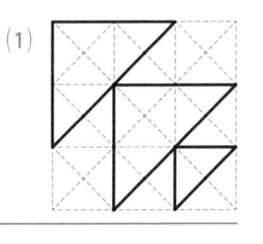

(2)
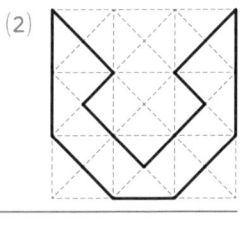

(3)
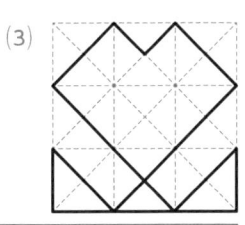

31 **じゃんけん**・・・・・・・・・・・・P33

(1) 🖐️ に かつのは ✌️ です。
ぱー　　　　　　　ちょき

くみさんが 🖐️ を だして まけたので
ぱー

けんたさんは ✌️ で かちました。
ちょき

(2) ✊ に かつのは 🖐️ です。
ぐー　　　　　　　ぱー

けんたさんが ✊ を だしたので
ぐー

くみさんは 🖐️ で かちました。
ぱー

(3) ✌️ に まけるのは 🖐️ です。
ちょき　　　　　　　ぱー

くみさんは ✌️ を だしたので
ちょき

けんたさんは 🖐️ で まけました。
ぱー

こたえ (1) チョキ
(2) パー
(3) パー

32 **うえから みると**・・・・・・・・・・P34

つみきを うえから みた とき
おくから 2こ・4こ・3この じゅんに
ならんで います。

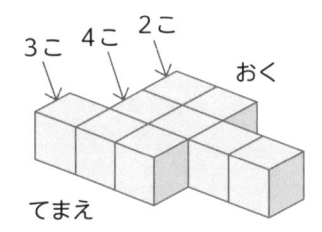

このように ならんで いるのは
あ・い・う・え・おの うち
うと おだけです。
そして うは てまえの つみきが
1こだけ ひだりに とびだして いるので
こたえは うです。

こたえ う

33 あめを ふくろに いれよう………P35

⑴ あかい あめ◍が 2こと
あおい あめ◍が 8こ あります。
あめを ならべて かんがえましょう。
あかい あめは あおい あめより 6こ
すくないです。

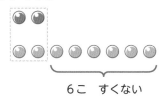

6こ すくない

⑵ あかい あめ 1こと
あおい あめ 2こを
ふくろに いれるので
◍1こと ◍2こを まるで かこんで
ふくろが いくつ できるか かんがえます。

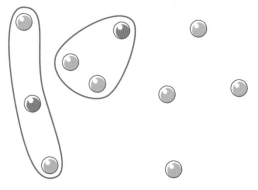

ふくろが 2つ できます。

⑶ あおい あめが 4こ あまりました。
この あめを 2こずつ ふくろに
いれることを かんがえます。

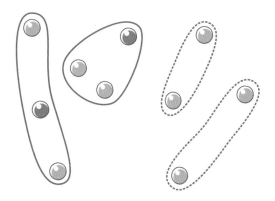

てんせんの ように
あおい あめ 2この ふくろが
2つ できました。
2つの ふくろに あかい あめを
1こずつ いれると ⑵と おなじ
ふくろに なるので
あかい あめは あと 2こ いります。

こたえ ⑴ 6こ
⑵ 2つ
⑶ 2こ

34 おなじ やさいを むすぼう………P36

⑴ みぎの えの ように
はじめに かぶを
まっすぐ
むすびます。
この せんに
かさならない ように

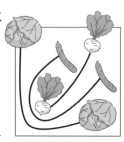

きゅうりと きゃべつを むすびます。
ほかにも いろいろな むすびかたが
あります。

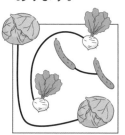 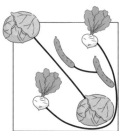

(2) みぎの えの ように
じゃがいもから
むすぶと
たまねぎが
むすべません。
ですから まず
たまねぎを むすび
つぎに にんじんを
むすんで さいごに
じゃがいもを
むすびます。
ほかにも いろいろな
むすびかたが
あります。

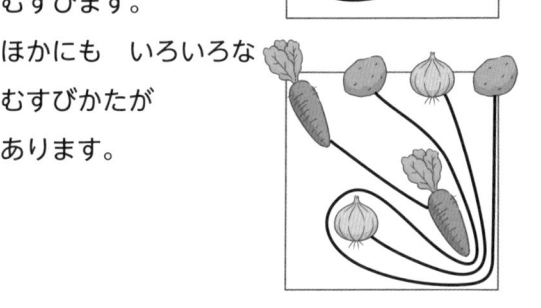

こたえ うえの せつめいの えの
ように なります。

35 おもさくらべ② ……………… P37

(1) おなじ やさいが たてに ならぶように
おもい ほうを ひだりがわ
かるい ほうを みぎがわに かきます。

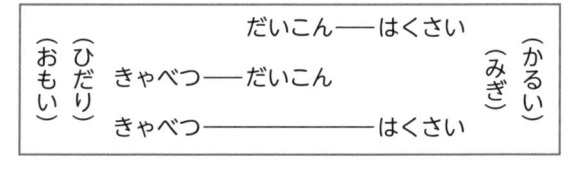

		だいこん——はくさい	
(おもい)	(ひだり)	きゃべつ——だいこん	(かるい)(みぎ)
		きゃべつ————————はくさい	

ですから おもい じゅんに
きゃべつ→だいこん→はくさいと
なります。

(2) おなじ どうぶつが たてに ならぶ
ように おもい ほうを ひだりがわ
かるい ほうを みぎがわに かきます。

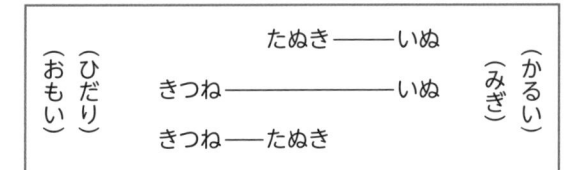

		たぬき——いぬ	
(おもい)	(ひだり)	きつね————————いぬ	(かるい)(みぎ)
		きつね——たぬき	

ですから おもい じゅんに
きつね→たぬき→いぬと なります。

こたえ (おもい じゅんに)
(1) きゃべつ→だいこん→はくさい
(2) きつね→たぬき→いぬ

36 なんこ ならんで いるかな? ……P38

みえて いない つみきも かぞえましょう。

(1) うえの だんに 2ことした の だんに
5こ あるので ぜんぶで 7こです。

うえの だんに 2こ

したの だんに 5こ

(2) うえの だんに 3ことした の だんに
4こ あるので ぜんぶで 7こです。

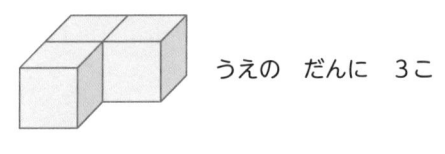

うえの だんに 3こ

したの だんに 4こ

(3) うえの だんに 2ことと まんなかの
   だんに 3ことと したの だんに 5こ
   あるので ぜんぶで 10こです。

　　うえの だんに 2こ

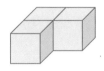　　まんなかの だんに 3こ

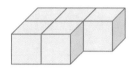　　したの だんに 5こ

こたえ (1) 7こ
　　　(2) 7こ
　　　(3) 10こ

37 せいくらべ ………………………………P39

しょうたさんは ひろきさんより たかいので
しょうたさん→ひろきさんの じゅんに
なります。

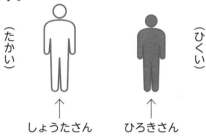

ひろきさんは 2ばんめに たかいので
しょうたさんが 1ばんめに なります。

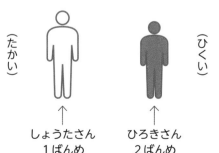

のこった かなさんが 3ばんめです。

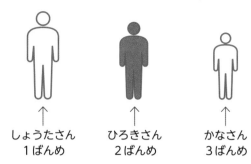

こたえ （せの たかい じゅんに）
　　しょうたさん→ひろきさん→かなさん

38 むきに ちゅうい！ ……………P40

(1) やじるしの むきは ← → の
   じゅんばんです。
   □ に はいる やじるしは
   → の つぎですから ← です。

(2) やじるしの むきは ← ↓ → ↑ の
   じゅんばんです。
   □ に はいる やじるしは
   ↑ の つぎですから ← です。

(3) やじるしの むきは ↗ ↖ ↙ ↘ の
   じゅんばんです。
   □ に はいる やじるしは
   ↖ の つぎですから ↙ です。

こたえ

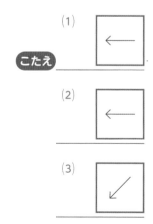

(1) ←
(2) ←
(3) ↙

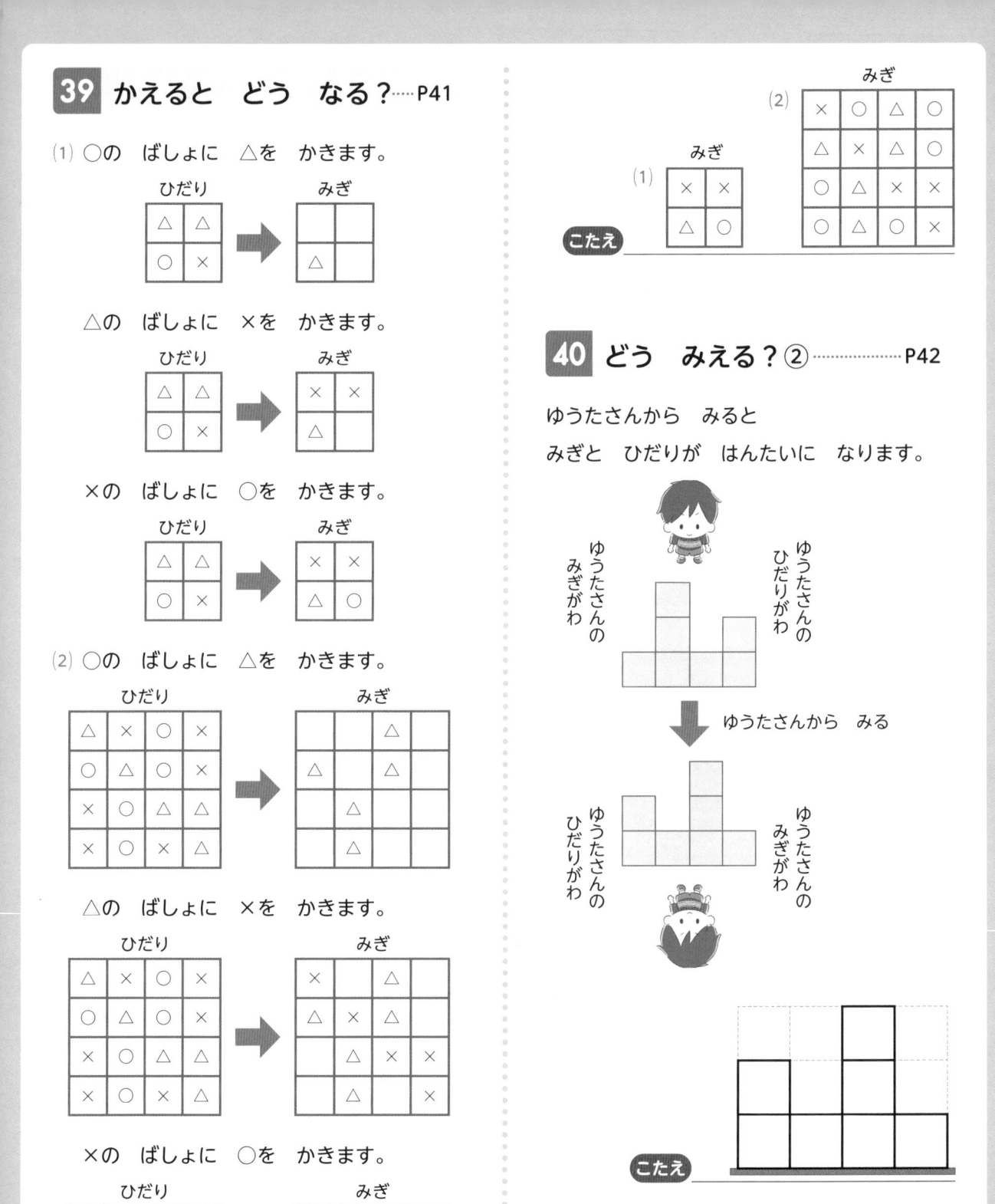

39 かえると どう なる？ ·····P41

(1) ○の ばしょに △を かきます。

ひだり → みぎ

△の ばしょに ×を かきます。

ひだり → みぎ

×の ばしょに ○を かきます。

ひだり → みぎ

(2) ○の ばしょに △を かきます。

ひだり → みぎ

△の ばしょに ×を かきます。

ひだり → みぎ

×の ばしょに ○を かきます。

ひだり → みぎ

(2) みぎ

(1) みぎ

こたえ

40 どう みえる？② ·····P42

ゆうたさんから みると
みぎと ひだりが はんたいに なります。

ゆうたさんの みぎがわ
ゆうたさんの ひだりがわ

↓ ゆうたさんから みる

ゆうたさんの ひだりがわ
ゆうたさんの みぎがわ

こたえ

ステップ1 練習問題

1もんおわったら「やったね！すごい！シール」をはってね！
やったもんだいのばんごうにはろう！ステップ2はうらにあるよ。

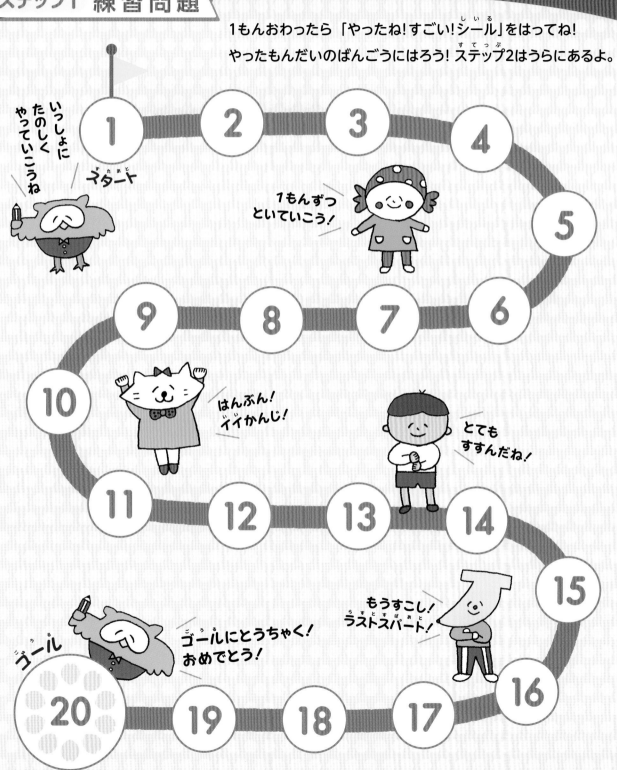

ステップ2 過去問

1もんおわったら「やったね!すごい!シール」をはってね!
やったもんだいのばんごうにはろう! ステップ1はうらにあるよ。

ここからも いっしょに チャレンジ!

21
スタート

22

23

24

25

そのちょうし!
そのちょうし!

29

28

27

26

30

かんがえるれんしゅうが
すすんできたね!

おりかえし
までできたよ!

31

32

33

34

35

40もんできたね!
とてもよくがんばったね!
おめでとう!

もうちょっとで
ゴールだよ!

ゴール

40

39

38

37

36